NOTICE

SUR LES

MINES DE CUIVRE ARGENTIFÈRE

ET SUR LES

MINES DE FER DE BAÏGORRY

(Basses-Pyrénées).

SAINT-ÉTIENNE

IMPRIMERIE DE THÉOLIER FRÈRES,

Rue Gérentet, 12.

1880

NOTICE

SUR LES

MINES DE CUIVRE ARGENTIFÈRE

ET SUR LES

MINES DE FER DE BAÏGORRY

(Basses-Pyrénées).

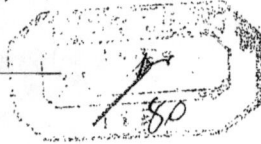

La présente notice, dont le but principal est de donner un aperçu, aussi exact que possible, de la valeur réelle de la concession des mines de Baïgorry sera divisée en 4 parties, savoir :

PREMIÈRE PARTIE

DEUXIÈME PARTIE

§ 1er. — Description des gisements de fer et principalement de celui d'Ustéléguy.

§ 2. — Indication des travaux à faire pour développer l'exploitation de ce gisement d'Ustéléguy.

§ 3. — Evaluation du prix de revient de la tonne de minerai de fer rendue à Bayonne.

a. — Dans l'état actuel des voies de transport.

b. — Dans l'hypothèse où l'on améliorerait ces voies de transport.

TROISIÈME PARTIE

Aperçu des dépenses à faire pour l'amélioration ou plutôt l'installation d'un atelier de préparation mécanique.

QUATRIÈME PARTIE.

Observations générales.

NOTICE

PREMIÈRE PARTIE

§ 1ᵉʳ. — Historique des mines de Baïgorry.

La concession des mines de Baïgorry, dont l'étendue est de 116 kilomètres carrés, comprend des mines de cuivre argentifère et des mines de fer.

Les filons de cuivre argentifère se rencontrent dans la plupart des montagnes qui constituent la vallée de Baïgorry ; cependant le centre de cette formation semble avoir affecté plus particulièrement le territoire de Banca ; aussi sont-ce les nombreux filons qui sillonnent ce territoire de Banca qui ont donné lieu à une exploitation dont l'origine, quoique inconnue, remonte bien certainement à l'époque romaine.

La richesse de ces mines de cuivre était déjà proverbiale dans l'antiquité et donnait lieu aux récits les plus fabuleux ; mais c'est surtout à partir du siècle dernier que leur histoire présente un intérêt réel et qu'on peut suivre avec certitude les travaux exécutés pendant cette période.

En 1729, le duc de Bourbon, grand maître des mines de France, donna à un gentilhomme hessois, qui avait une grande réputation, la concession de toutes les mines de la Basse-Navarre, du pays de soule et du pays de labour ; cette concession avait à peu près 400 lieues carrées.

Ce gentilhomme entreprit quelques recherches, avec le concours de M. Beugnères de la Tour et celui de deux autres associés.

En 1733, la concession fut renouvelée, en faveur de M. de la Tour, et ce ne fut qu'après des travaux considérables qu'il tomba sur le filon des 3 Rois et qu'il rejoignit, à environ 5 toises au-dessous de la rivière, les diverses branches de ce filon qui avaient été explorées par les anciens.

En 1747, l'on construisit un atelier de préparation mécanique et une fonderie ; celle-ci se composait de 12 fours de grillage, de 3 fours à manches et d'un four de raffinage.

La production alla dès lors toujours en croissant ; on trouve, en effet, dans les anciens documents que la production minérale fut, en 1746, de 587 quintaux de minerai et qu'en 1756, c'est-à-dire seulement 10 ans après, elle atteignait déjà 12.000 quintaux produisant 240.000 livres de cuivre.

Enfin, M. de la Tour continua d'exploiter, avec le même succès, jusqu'à ce que la concession passât, en 1776, entre les mains de M. Meuron de Châteauneuf, son gendre. On produisait alors en moyenne 350.000 livres de cuivre par an, lesquelles provenaient de 17.500 quintaux de minerai. A cette date, les mines et l'usine de Banca occupaient 389 ouvriers.

La révolution de 1789 dispersa les actionnaires et paralysa l'exploitation qui fut abandonnée en 1792. Plus tard les invasions espagnoles détruisirent l'usine, en représailles de la destruction des usines à fer d'Eguy et d'Orbaicette, détruites par la Tour d'Auvergne.

En 1824, M. de Ricqbourg créa une compagnie pour l'exploitation du minerai de fer d'Ustéléguy et la fabrication du fer au charbon de bois ; mais ni cette Compagnie ni aucune de celles qui la suivirent ne s'occupa des mines de cuivre. Seule, la Compagnie actuelle, Girerd et Nicolas frères, a entrepris quelques travanx sur un seul des nombreux filons, celui de Berg-op-Zoom, exploités par les anciens.

Les mines de cuivre existent donc encore à l'état où les troubles de la Révolution de 1789 et l'insuffisance des moyens d'épuisement et d'extraction avaient forcé à les abandonner momentanément.

§ 2. — Description du 1ᵉʳ groupe des filons de cuivre, situés à proximité de l'usine de Banca et des travaux faits sur ces filons par les anciens.

Les filons de cuivre constituant ce 1ᵉʳ groupe sont nombreux. Ils ont des directions différentes ; sont situés autour et à proximité de l'usine de Banca et sont désignés sous les noms de filons de *Philipsbourg*, *Sainte-Élisabeth*, *Saint-Louis*, *Aoust*, *Sainte-Marie*, *3 Rois*, *Sainte-Marthe*, *Berg-op-Zoom*, *Saint-Michel*, etc.

Tous furent exploités par les anciens, mais ce n'est que sur un seul d'entre eux, celui de Berg-op-Zoom que des travaux ont été entrepris par la Société actuelle Girerd et Nicolas frères de Saint-Étienne.

FILONS DE PHILIPSBOURG.

De tous les filons qui constituent le 1ᵉʳ groupe, ceux dits de Philipsbourg sont situés le plus à l'est, et sont en même temps les plus inférieurs par rapport au cours de la nive. Ils sont apparents sur la rive droite de cette rivière. Les uns ont une direction perpendiculaire et les autres une direction parallèle à celle de ce cours d'eau.

Travaux faits. — Des travaux peu importants ont été faits sur ces filons. Sur la rive droite de la nive, un de ces filons fut poursuivi par une traverse dans laquelle on creusa un puits de 20 mètres ; le filon fut coupé et l'on abandonna le travail, qui produisit beaucoup de minerai.

L'on fit ensuite une galerie à travers-bancs dans le but de recouper les filons ; mais, pour ne pas avoir à percer des bancs de quartz, on la fit dévier de sa direction et on l'abandonna sans avoir atteint le but et après l'avoir poussée de 30 à 40 mètres.

Sur les veines parallèles au cours de la nive, il n'y a presque pas eu de travaux.

Enfin, une galerie ouverte sur la rive gauche de la nive fut poussée, sur une longueur de 60 mètres, sur un filon dirigé sur 8 heures $^4/_8$, et fournit passablement de minerai.

FILONS DE SAINTE-ELISABETH.

Au nombre de deux, les filons de Sainte-Elisabeth sont situés à environ 280 mètres de ceux de Philipsbourg. Ils sont dirigés sur 10 heures $^6/_8$ et sur 8 heures $^4/_8$ et inclinent d'environ 50 degrés à l'ouest. Leur puissance varie de 1 mètre à $1^m,30$; le minerai, contenu dans une gangue quartzeuse, est un mélange de cuivre pyriteux et gris.

Travaux faits. — Les travaux faits sur les filons de Sainte-Elisabeth ont consisté en un dépouillement presque complet des filons sur une profondeur de 30 mètres au-dessous de la nive et sur 80 à 90 mètres dans le sens de la direction. Du côté du sud, les travaux s'arrêtèrent contre une faille composée de schistes pourris, dont l'inclinaison est aussi au sud. Du côté du nord, ces travaux ont dû être interrompus par le filon Sainte-Marie.

L'épuisement se faisait à l'aide de pompes mises en mouvement par une roue hydraulique.

FILONS DE SAINT-LOUIS.

Dirigés sur 10 heures $^4/_8$ et 10 heures $^6/_8$, les deux filons de Saint-Louis inclinent vers l'est ; leur puissance varie de 75 centimètres a $1^m,30$; ils sont très-rapprochés et se réunissent en un seul, presque au niveau de la rivière, et jusqu'à 10 mètres au-dessous ; plus bas, ils se divisent de nouveau.

Travaux faits. — Les travaux entrepris sur ces filons de Saint-Louis sont resserrés entre la rivière et le filon de Sainte-Marie ; ils se composent d'une galerie à travers-bancs et de 4 étages de galeries reliées entre elles par des cheminées, suivant la pente de filons.

Dans la galerie à travers-bancs, qui servait de galerie de sortage, étaient posés les tirants de la machine d'épuisement.

Ces travaux furent poussés jusqu'à 36 mètres au-dessous de la rivière ; ils fournirent beaucoup de minerai.

Du côté du nord, les filons furent coupés par le croiseur Sainte-Marie, tandis que du côté sud l'on cessa de les poursuivre à cause des infiltrations d'eau.

Filon d'Aoust.

Dirigé sur 4 heures $^6/_8$ et incliné au sud, il fut découvert, sur la rive gauche de la nive, par un puits (*a*), que l'on fonça de quelques toises et que l'on abandonna à cause de la proximité de la rivière. Le minerai extrait était un mélange de cuivre pyriteux et gris.

Filon de Sainte-Marie.

Reconnu sur une longueur de 500 mètres, ce filon est dirigé O.-E. et incliné de 65° au sud. Il a une épaisseur à peu près constante de 65 centimètres. Généralement, il est stérile et il jouit de la propriété de couper tous les filons qu'il rencontre dans son parcours.

Travaux faits. — Les travaux entrepris sur ce filon n'ont pas été poussés à plus de 7 mètres au-dessous de la rivière.

Les trois puits, *x-x-x*, très-rapprochés et faits sur ce filon, prouvent qu'en certains points, au moins, celui-ci contient du minerai. Le minerai extrait par ces puits *x* était du cuivre gris antimonial très-riche en argent.

Filon des Trois-Rois.

Le filon des 3 Rois est sur la rive gauche de la nive. Sa direction et son inclinaison varient, sa direction principale est N.-O.-S.-E., et l'inclinaison de 70 à 80 degrés N.-E.

Sa puissance varie de 0,60 à 1,30 ; la roche encaissante est un schiste plus ou moins siliceux et la gangue un mélange de quartz, des débris de la roche encaissante et de fer carbonaté. Le minerai, qui tantôt constitue des veinules massives, tantôt est disséminé dans la gangue, est un mélange de cuivre pyriteux et gris.

Travaux faits. — La reprise des travaux sur ce filon des 3 Rois date de 1745, époque de la découverte par M. de la Tour des anciennes galeries des Romains, principalement de celle sinueuse n° 3, dite galerie d'écoulement. Comme les Romains avaient presque tout enlevé sur le filon au-dessus du

niveau de la rivière (quelques travaux seulement atteignaient
10 mètres au-dessous de la nive), et aussi pour faciliter le
sortage des déblais et minerais, l'on ouvrit une galerie à
travers-bancs nº 2, au niveau de la nive, qui rencontra le filon
à 72 mètres du jour. Du point de rencontre l'on poussa 2 galeries, en direction, sur le filon ; celle nº 2 dirigée vers l'intérieur
de la montagne, c'est-à-dire au N.-O., fut poussée jusqu'à
250 mètres au-delà du point où le filon des Rois fut coupé par
celui de Sainte-Marie. C'est par elle que l'on exploitait le premier plan des travaux.

Dans le principe, l'on avait des pompes à bras, mais à
mesure que les travaux avancèrent vers la rivière les eaux
augmentèrent. L'on fonça alors des puits, entre autres ceux
B et A, et l'on installa dans ce dernier des pompes mises en
mouvement par une roue hydraulique.

Le deuxième plan des travaux, sis à 60 mètres au-dessous
du niveau de la rivière, fut exploité par la galerie 19, qui
suivit le filon sur la direction, qu'il affectait au puits A, et que
l'on poussa jusqu'à la rencontre de celui de Sainte-Marie par
lequel il fut coupé. A quelques mètres en arrière de ce point de
rencontre, l'on ouvrit une galerie sur une veine partante des
3 Rois et que l'on supposait être le filon de Saint-Antoine, et
qui à son tour butta contre un dérangement. L'on fit alors
diverger la galerie vers le filon de Sainte-Marie, que l'on
recoupa et que l'on suivit par la galerie 20 pour aller au-
dessous des puits xxx, dont nous avons déjà parlé en décrivant Sainte-Marie. En 1785, il restait encore 70 mètres à
percer pour atteindre le but.

La galerie 19 communique, en passant sous la rivière, et à
60 mètres au-dessous de son lit, à celle 11 qui a servi à exploiter les travaux de Sainte-Marthe dont nous parlerons ci-
après.

Le puits A fut approfondi jusqu'à 160 mètres, point le plus
bas des travaux. A ce niveau inférieur, ceux-ci furent arrêtés

au N.-O. contre le filon Sainte-Marie, et au S.-E. à environ 40 mètres du puits A.

Du niveau de 60 mètres jusqu'à celui de 120, et sur une longueur de 100 mètres, le filon présenta une richesse extraordinaire, c'est-à-dire une épaisseur de 1 mètre de minerai massif, composé en très-grande partie de cuivre gris très-argentifère.

Au-dessous de 120 mètres et jusqu'à 160, point le plus bas des travaux, le minerai devint moins massif; mais le filon était toujours puissant. Enfin, au niveau inférieur, son épaisseur minimum était encore de 65 centimètres et le minerai abondant, mais non massif comme dans la partie comprise entre 60 et 120 mètres.

Il est bon d'observer *qu'à ces profondeurs de 120 et 160 mètres, l'extraction des matériaux se faisait, à bras d'hommes, par sept puits, et qu'il fallait du bien beau minerai pour se dédommager des frais que cette main-d'œuvre occasionnait.*

Veines partantes du filon des Trois-Rois.

Les veines ou filons partant du filon des 3 Rois sont au nombre de sept, savoir :

1re veine cotée D. Cette veine est dirigée sur 4 heures, inclinée au N.-O., et a une puissance variant de 0,40 à 0,75 centimètres.

Une galerie 13, prise à 25 mètres au-dessous de celle n° 2, fut poussée sur cette veine et sur une longueur de 90 mètres. Elle fournit passablement de cuivre gris très-argentifère.

2me veine cotée E. Dirigée sur 10 heures $^6/_8$, cette veine fournissait du cuivre gris argentifère. Elle n'a été tentée que par une galerie de 20 mètres de longueur, ouverte au niveau de celle 2.

3me veine M. Elle a été observée au fond du puits L, et est dirigée sur 11 heures $^2/_8$. Elle contient du cuivre gris argentifère. Son épaisseur est de 4 pouces.

Aucun travail n'a été fait sur cette veine.

4me veine cotée F. Elle a été observée à l'extrémité de la galerie 13 ; son épaisseur est de 0,25 et est dirigée sur 12 heures $^2/_8$.

Aucun travail n'a été ouvert sur cette veine.

5me veine G. Dirigée sur 6 heures $^3/_8$, inclinée au nord, elle a été désignée sous le nom de Saint-Antoine.

Le retour vers l'est de la galerie 19 est pris sur cette veine. Dans ce travail, ainsi que dans une traverse partante de la galerie 9, cette veine avait plus de deux pieds d'épaisseur.

6me veine F. On l'observe près du puits L ; sa direction, 9 heures $^5/_8$, différant très-peu de celle du filon des Rois au puits A, l'on pensait que cette veine n'était autre que ce filon.

7me veine cotée I. Dirigée sur 10 heures $^6/_8$, elle a été observée presque au point de rencontre du filon Sainte-Marie par la galerie 2. Elle est encaissée dans du schiste pourri.

Le travail ouvert sur cette veine a consisté en une strosse de quelques mètres de longueur qui fournit assez de minerai.

FILON DE SAINTE-MARTHE.

Situé sur la rive droite de la nive, ce filon a toujours été considéré comme étant le même que celui des 3 Rois. Sa direction, moins variable, est de 7 heures $^7/_8$, mais son inclinaison assez forte est tantôt au sud-ouest et tantôt au nord-est.

La puissance du filon varie de 0,60 à 1,30 ; sa gangue, mélange de quartz, des débris des roches encaissantes, de fer carbonate, ainsi que la nature du minerai (mélange de cuivre pyriteux et gris), sont les mêmes que dans le filon des Rois.

Travaux faits. — De même que sur les filons des Rois les travaux furent ouverts sur Sainte-Marthe en 1745. Ces travaux, qui ont permis de dépouiller le filon jusqu'à la profondeur de 60 mètres au-dessous de la nive, consistent en 2 galeries en direction (n° 2 et n° 11) ouvertes au niveau de la rivière et à 60 mètres au-dessous, reliées entre elles par des puits et d'autres galeries.

La galerie n° 2 rencontra, à 240 mètres d'avancement, une veine apparente dirigée sur 4 heures $^5/_8$, qui coupa le filon… L'on se contenta, comme recherche, de suivre cette veine apparente en faisant diverger vers l'est la direction de la galerie n° 2.

La galerie 11 qui communique avec la galerie 19 des 3 Rois butta aussi contre la même veine apparente observée dans la galerie 2, et, de même que dans celle-ci, l'on suivit cette veine apparente en divergeant vers l'est; à quelques mètres avant la rencontre de cette veine apparente, l'on observait au sol de la galerie 30 à 35 centimètres de minerai massif,

Aucuns travaux n'ont été entrepris sur le filon de Sainte-Marthe au-dessous de la galerie 11 sise à 60 mètres au-dessous de la rivière.

Veine partante du filon de Sainte-Marthe.

L'on n'a observée qu'une veine, l, partante du filon de Sainte-Marthe. Cette veine, qui contient du cuivre gris, est dirigée sur 2 heures $^3/_8$.

Une seule galerie, 10, fut poussée sur cette veine qui fut coupée à 64 mètres d'avancement par une bande de terre grasse peu inclinée.

Filons de Saint-Michel.

A 150 mètres au sud du pont de l'usine, et sur la rive droite de la nive, se trouvent les travaux dits de Saint-Michel entrepris sur 2 filons.

1er *filon*. — L'un dit de Saint-Michel dirigé sur 8 heures, incliné de 45 degrés au nord-est, est puissant de 1 à 1,30; sa gangue est essentiellement quartzeuse, et le minerai, qui s'y trouve disséminé, est un mélange de cuivre pyriteux et gris. L'on y a trouvé aussi du cuivre massif.

2me *filon*. — Le 2me filon est dirigé sur 4 heures $^5/_8$; il paraît être le même que celui contre lequel le filon de Sainte-Marthe a été coupé.

Travaux faits. — Les travaux faits, sur le 1er de ces filons, ont consisté tout bonnement en 2 galeries en direction, ouvertes à des niveaux différents et qu'on a arrêtées au point de rencontre du 2me filon. Quant à ce dernier, il n'a été exploré que par deux traverses partantes des galeries de niveau et que l'on a arrêtées à quelques mètres d'avancement.

FILON DE BERG-OP-ZOOM.

Ce filon se trouve au nord et au-delà de celui de Sainte-Marie ; il pénètre dans l'intérieur de la montagne bien plus que tous les précédents. Sa direction, son inclinaison et sa puissance sont variables Dans les travaux actuels, cette direction est de N. 60° E., son inclinaison est S.-E. Sa puissance varie de 0,25 à 1,30 ; sa gangue est un mélange de quartz de fer carbonaté et des débris des roches encaissantes. Le minerai que l'on y observe tantôt en veines massives de 2 à 20 centimètres, tantôt disséminé dans la gangue, est un mélange de cuivre gris et pyriteux. Enfin, la roche encaissante est du schiste plus ou moins siliceux dont les bancs plongeurs de 15 à 20 au S.-O. Dans ces schistes se trouvent intercalés quelques bancs de quartzites.

Travaux faits. — Les anciens ont fait des travaux importants sur la partie de ce filon sise entre celui des 3 Rois et le plan vertical passant par l'axe de la galerie Muthuon. Aucun travail ne fut poussé sur ce filon à partir de la galerie 19 des 3 Rois. En profondeur, les travaux des anciens ne dépassaient que de 4 à 5 mètres le niveau de la nive. La galerie à travers-bancs Muthuon commencée par les anciens, au niveau et aux abords de la nive, fut abandonnée en 1793 ; sa longueur était alors de 155 mètres. Dirigée environ N.-S, cette galerie fut reprise par la Compagnie Girerd et Nicolas frères et recoupa le filon à 191,40 de son orifice.

Les travaux actuels, les seuls que la Compagnie Girerd et Nicolas frères aient entrepris, sont situés au-dessus du niveau de la nive et à l'est du plan vertical sus-énoncé et conséquemment dans une partie vierge.

Ces travaux consistent actuellement en 5 galeries en direction, poussées dans le filon et vers l'est et en des cheminées reliant ces galeries et découpent le gîte en massifs, que l'on abat au fur et à mesure de l'avancement des chantiers. Pour faciliter l'aérage de ces travaux, l'on a relié ceux-ci à la galerie 28 des anciens, en poussant vers l'ouest et dans le filon une galerie de niveau.

Résumé des travaux faits a ce jour sur les filons du 1er groupe.

L'on peut résumer comme suit les travaux faits sur les nombreux filons et veines qui constituent le 1er groupe.

1° Sur les filons de Philipsbourg, les travaux faits sont insignifiants, soit sur la rive droite, où la seule galerie poussée sur un des filons donnait du beau minerai, soit sur la rive gauche.

2° Les filons de Sainte-Elisabeth, qui fournirent beaucoup de minerai, n'ont été dépouillés que sur 80 à 90 mètres dans le sens de la direction et sur une profondeur de 30 mètres au-dessous du niveau de la nive.

3° Les travaux ouverts sur les filons de Saint-Louis, qui furent productifs, n'ont été poussés qu'à 36 mètres au-dessous de la nive, et aucun travail n'a été entrepris sur la rive droite de la rivière.

4° Le filon d'Aoust n'a été que reconnu. Aucun travail sérieux n'a été ouvert sur ce filon.

5° Le filon principal de Saint-Michel est vierge. Aucun travail, de quelque importance, n'ayant été fait sur ce puissant filon.

6° Le filon des 3 Rois a été exploité jusqu'à la rencontre de ce filon avec celui de Sainte-Marie et jusqu'à la profondeur de 160 mètres au-dessous de la rivière.

a. — La veine de cuivre D sur 4 heures n'a été attaquée que par la galerie 13, par laquelle on extraya passablement de très-beau minerai.

b. — Sur la veine E (sur 10 heures $^6/_8$), l'on n'a poussé qu'une galerie de 20 mètres, au niveau de la galerie 2.

c. — Sur la veine M (11 heures $^2/_8$) de cuivre gris (4 pouces d'épaisseur), aucun travail n'a été entrepris.

d. — Sur la veine G (6 heures $^3/_8$), dénommée sous le nom de filon de Saint-Antoine, les travaux, au niveau de la galerie 2, ont été insignifiants et nuls au-dessous du niveau de la rivière.

7° Le filon de Sainte-Marthe a été également exploité sur une étendue horizontale (suivant la direction du filon) de 250 mètres et une profondeur de 60 au-dessous du niveau de la nive.

a. — La veine de cuivre gris *l*, partante de Sainte-Marthe, n'a été tentée que par la galerie 10.

8° Le filon de Berg-op-Zoom n'a été exploité qu'au-dessus du niveau de la rivière et dans une partie seulement de l'étendue comprise entre le filon des 3 Rois et le plan vertical passant par l'axe de la galerie Muthuon. La partie sise à l'est de ce plan vertical, et dans laquelle l'on travaille actuellement, est vierge. Il en est de même de la partie sise à l'ouest du filon des Trois-Rois.

§ 2. — *b.* **Description du 2ᵐᵉ groupe des filons de cuivre.**

FILON D'ESCOURLÉGUY.

Les gisements d'Escourléguy sont situés à 5 kilomètres environ au N.-O. de Banca, sur la rive droite des ruisseaux dits d'Escourléguy et de Gabarsun, qui versent leurs eaux dans celui de Béhurcéguy affluant de la nive. Deux filons ont été exploités par les anciens.

1ᵉʳ *filon* A. — A 100 mètres environ au-dessus du ruisseau d'Escourléguy, l'on observe un filon dirigé nord 60° ouest et incliné à l'ouest ; sa puissance varie de 1,50 à 2 mètres. Il contient un mélange de cuivre pyriteux, de cuivre gris avec du fer spathique et des pyrites martiales.

Diverses attaques, peu considérables, ont été faites sur ce filon, sur lequel l'on a creusé un puits d'une quinzaine de mètres de profondeur.

Une galerie à travers-bancs commencée par les anciens, à 60 ou 70 mètres au-dessous des affleurements, devait recouper le filon à environ 170 mètres ; mais elle fut abandonnée après 30 ou 40 mètres d'avancement.

2me *filon* B. — A 800 mètres environ O.-N.-O. du filon ci-dessus décrit, et à environ 70 mètres au-dessus du ruisseau le Gaharsum, apparaît un filon dirigé N. 45° O., avec plongement vers l'Ouest ; sa puissance varie de 1 à 1,60, et l'on y observe un mélange de cuivre gris, cuivre pyriteux, pyrites, fer carbonaté et hématite.

Les travaux faits consistent en une galerie poussée suivant la direction du filon, le long des affleurements et en deux descenderies actuellement remplies d'eau.

Ces deux filons A et B sont encaissés dans les schistes de transition.

A 30 ou 40 mètres au-dessous du filon B, des excavations assez considérables, aujourd'hui éboulées, ont été pratiquées sur un filon d'hématite et fer spathique.

FILON DE CUIVRE D'ITTOURROUSTÉGUY.

Ce filon d'Ittourroustéguy est situé à 1 1/2 kilomètre au Nord-Nord-Ouest de l'église de Baïgorry ; sa direction est sur les 9 heures et son inclinaison au nord-est. Il a une puissance de 0,20 à 0,80 et contient du cuivre pyriteux dans une gangue composée d'un mélange de quartz, fer carbonaté et débris des schistes encaissants.

Les travaux faits par les anciens consistent en une galerie d'une trentaine de mètres, dirigée suivant l'inclinaison du filon.

A quelques centaines de mètres de ce gisement, l'on observe le filon de fer spathique de Lisquéta, dont nous parlerons en décrivant les gisements de fer.

Dans ce quartier d'Ithourroustéguy, l'on observe, en différents endroits, des anciens travaux tels que galeries et puits, la plupart éboulés.

FILONS DE CUIVRE D'ARITSCHOULÉGUY.

Les filons d'Aritschouléguy sont situés à 6 kilomètres au nord nord-ouest de l'église de Baïgorry, dans le territoire de la Bastide, sur la rive droite du ruisseau d'Abraco et à 3 kilomètres en amont du point où celui-ci déverse ses eaux dans le ruisseau la Bastide. ·

Le filon principal qui contient du cuivre pyriteux est sensiblement dirigé N.-S. et très-fortement incliné à l'ouest; sa puissance varie de 0,50 à 1,20; sa gangue est un mélange de quartz; de chaux carbonatée et de fer spathique, la roche encaissante se compose de schistes siliceux inclinés vers le nord.

Les travaux faits par les anciens consistent en une galerie de 25 mètres de longueur, commencée au bord du ruisseau et poussée suivant la direction du filon. L'on observe encore le minerai au sol, au toit et à l'avancement de cette galerie.

En remontant le cours du ruisseau l'on voit, à 40 ou 50 mètres en amont de cette première galerie actuellement éboulée, une attaque de quelques mètres d'avancement sur un filon sensiblement parallèle au précédent.

GISEMENT DE CUIVRE DE JARA.

La montagne de Jara est située à 15 kilomètres nord-est de Banca. Les bancs de calcaires et marnes, très-probablement du lias, que l'on y observe, sont dans certaines parties imprégnées de cuivre pyriteux. Aucun travail n'y a été entrepris par les anciens.

FILONS DE CUIVRE DE BÉLÉCHY.

Les gisements de Béléchy sont situés à 5 kilomètres au nord-ouest de Banca. Ils comprennent deux filons.

Le 1er filon puissant de 1,50 à 2 mètres est dirigé N. 35° O. avec inclinaison E.-N.-E. On l'observe sur la rive droite du ruisseau de Béléchy, près la maison Sourico et aux abords du petit ruisseau de Tatola. Sa gangue est composée de quartz et de fer spathique, et celle-ci contient, mais disséminé, un mélange de cuivre pyriteux, de pyrites et des mouches de cuivre gris. La roche encaissante est de schiste.

Les travaux faits ont tout bonnement consisté en une galerie de 4 à 5 mètres d'avancement.

Le 2me filon est situé au N.-N.-E. du précédent et à 300 mètres au-dessous du col de Aarça. Il est dirigé sur 7 heures, et a été attaqué par une galerie poussée à l'extrémité d'un travers-bancs de 15 à 20 mètres de longueur aujourd'hui éboulé.

L'on observe encore dans ce vallon de Béléchy un filon de fer oligiste dont nous parlerons en décrivant les gisements de fer.

GISEMENT DE CUIVRE DE MOUNHOA.

Dans la montagne de Mounhoa, sise à 16 kilomètres au N.-E. de Banca, l'on observe plusieurs filons de cuivre pyriteux sur deux desquels quelques travaux furent faits par les anciens.

GISEMENT DE CUIVRE D'ARRABIT.

Près la maison d'Arrabit, située à 2 kilomètres au S.-E. de Banca, l'on observe des anciens travaux, tels que galeries, puits éboulés ou remplis d'eau. Ces travaux ont dû être poussés sur un filon de cuivre pyriteux et gris, car le minerai que l'on trouve encore dans les décombres environnants est un mélange de ces deux substances.

GISEMENT DE GALÈNE A HAYRA.

A 6 kilomètres au S.-O. de Banca, dans la vallée de Hayra et aux abords du ruisseau de ce nom, 2 galeries de 15 à 20 mè-

2

tres de longueur ont été ouvertes, par les anciens, sur un filon de galène dirigé E.-O., de 1 à 2 pouces d'épaisseur et dont la gangue quartzo-schisteuse contient quelques traces de minerai. D'après M. de la Chabaussière, le filon de galène de Soraluch, sis au revers de la montagne de Hayra, et dont la direction est la même que celle du filon de Hayra, serait la continuation de celui-ci. Il assurait, en outre, que l'on voyait les affleurements sur toute la longueur de la montagne.

GISEMENT DE GALÈNE D'APHARAIN-ERRÉCA.

Le vallon d'Apharain-Erréca est situé à 7 kilomètres N.-E. de Banca.

D'après Diétrich, l'on aurait trouvé dans ce vallon et dans des décombres des morceaux de galène massive pesant 30 livres ; l'on aurait, en outre, vu les traces d'une ancienne galerie.

Ayant à plusieurs reprises visité ce vallon et ceux environnants, j'ai seulement pu observer la trace d'une ancienne galerie, sans pouvoir me rendre compte si ce travail avait été poussé sur une veine de galène ou de cuivre.

De plus, un habitant du pays me remit un morceau de galène qu'il me dit avoir trouvé dans ce vallon d'Apharain-Erréca en faisant des fouilles. M'étant rendu sur les lieux, je ne pus constater aucune trace de filon ni veine.

§ 3. — Observations sur les travaux faits, par les anciens, pour retrouver, au-delà des dérangements, les divers filons ou veines, par eux exploités, et coupés par ces dérangements.

En décrivant les travaux faits sur les filons ou veines de cuivre constituant le 1er groupe des gisements cuprifères, nous avons dit :

1° Que le filon des 3 Rois était coupé par celui de Sainte-Marie ;

2° Que le filon de Sainte-Marthe avait butté au S.-E. contre une veine apparente, dirigée sur 4 heures $^5/_8$ qui avait coupé toute apparence du filon.

3° Que le filon de Saint-Michel avait aussi été coupé par une veine apparente dirigée sur 4 heures $^5/_8$.

4° Que les filons de Saint-Louis étaient coupés au nord par celui de Sainte-Marie.

5° Que les filons de Sainte-Elisabeth étaient coupés au sud des travaux par un banc d'ardoise tombant obliquement.

Nous allons donner maintenant un résumé des travaux faits par les anciens, pour retrouver au-delà des dérangements, les filons coupés par ceux-ci, et nous ferons suivre ce résumé par quelques observations démontrant que ces travaux de recherches ont été insuffisants ou inutiles.

FILONS DES TROIS-ROIS. — TRAVAUX DE RECHERCHES.

Ces travaux, qui ont été faits au niveau de la rivière (rien n'a été fait au niveau de la galerie 19 ou au-dessous), sont les suivants :

a. — Continuation de la galerie 2 sur 180 mètres de longueur, de q en q''.

b. — Petite traverse $q''r$, poussée à l'extrémité de la galerie 2 perpendiculairement à la direction du filon sur une longueur de 10 à 12 mètres ;

c. — Traverse 8, poussée dans le filon Sainte-Marie à l'ouest de la galerie 2 et sur une longueur de 20 à 25 mètres.

d. — Traverses 6, 7 et 9.

OBSERVATIONS SUR LES TRAVAUX DE RECHERCHES DU FILON DES TROIS-ROIS.

De toutes les directions que l'on peut donner à une galerie de recherche, celle parallèle au filon croisé ne doit jamais être adoptée, car les deux parties du croisé étant généralement parallèles, une semblable galerie n'aboutirait jamais. Or, c'est cette direction à peu près parallèle aux veines que l'on a donné à la galerie principale de recherche $qq'q''$, et cela sur une longueur de 180 mètres environ. Il ne faut donc point être surpris qu'une semblable recherche n'ait pas abouti.

Quant à la traverse $q''r$, elle est, d'un côté, trop peu avancée, et de l'autre trop distante du point d'interception du filon (180 mètres). Cette traverse aurait-elle été continuée jusqu'au point r', c'est-à-dire sur 330 mètres de longueur, qu'elle ne serait point une preuve concluante ; car dans cet intervalle, de 180 ou 200 mètres, un autre dérangement peut subsister et rejeter les filons et veines, soit à l'est du point r', soit à l'ouest de qq''.

La traverse 8, la seule des recherches faites à l'ouest de la galerie 2, est trop peu avancée.

Enfin, quant aux recherches faites par les parties extrêmes des traverses 6, 7 et 9, l'on voit que, malheureusement, elles ont eu lieu suivant une direction parallèle aux veines.

En résumé :

1° Aucune recherche n'a exploré le terrain au-delà du croiseur et à l'ouest de $qq'q''$.

2° Les parties comprises au-delà de Sainte-Marie, entre les lignes KK' — MM' et UU' — NN', sur une longueur de 80 mètres, n'ont point non plus été explorées.

Les recherches faites ne prouvent donc pas que l'on ne puisse retrouver, au-delà du croiseur Sainte-Marie, le filon des 3 Rois et les veines partantes.

En parcourant la galerie 3 des Romains, l'on observe des anciens travaux v, v', v'', v''', entièrement remblayés ; ces travaux me font supposer que la veine cotée D a pu être exploitée à l'est de la galerie 2. Cette veine D se continue-t-elle jusqu'à la rencontre du filon Sainte-Marie, en   ? Cela peut-être et il serait utile de le constater ; car dans l'affirmative l'on pourrait, avec bien des probabilités, admettre que cette veine n'est autre chose que le filon de Berg-op-Zoom rejeté par celui de Sainte-Marie (ce rejet serait de 150 mètres).

L'on doit remarquer, d'ailleurs, que cette veine D et le filon de Berg-op-Zoom ont même direction (dans les travaux en activité de la galerie Muthuon, la direction du filon de Berg-op-Zoom est sur 4 heures), même inclinaison, et qu'ils contiennent la même matière de minerai, mélange de cuivre gris et pyriteux.

Si cette hypothèse est vraie, l'on en déduit comme conséquences :

a. — Que la veine I ne serait autre chose que le rejet de la veine M.

b. — Que la veine F, ou celle dirigée sur 9 heures $^6/_8$ (nous ne savons si ces deux n'en font qu'une), serait rejetée en VV'.

c. — Que la branche principale du filon des 3 Rois, celle exploitée par la galerie 2, serait rejetée en RR'.

N'ayant point de données positives sur les inclinaisons des différents filons et veines aux points d'interception par Sainte-Marie, nous ne pouvons dire si la partie de notre hypothèse, celle concernant le rejet du filon des 3 Rois et des veines F et M, se trouve confirmée par les principes.

Mais, en ce qui concerne la veine D dont l'inclinaison au N.-O. est la même que celle du filon de Berg-op-Zoom aux puits O et R, le principe de Schmidt confirme le rejet dans le sens indiqué.

FILON DE SAINTE-MARTHE. — TRAVAUX DE RECHERCHES.

Nous avons vu que le filon de Sainte-Marthe, exploité, par les galeries de niveau 2 et 11, jusqu'à 60 mètres au-dessous de la rivière, rencontra dans chacune de ces galeries et à environ 250 mètres d'avancement, une veine apparente dirigée sur 4 heures $^5/_8$ qui coupa toute apparence du filon.

Les travaux de recherche ont consisté :

Dans la galerie 2, en une traverse qui suivit en direction et vers l'est cette veine apparente sur une longueur de 20 toises.

Et dans la galerie 11 en une galerie de 25 toises dirigée aussi vers l'est et dans la veine apparente.

OBSERVATIONS SUR LES TRAVAUX DE RECHERCHES DU FILON DE SAINTE-MARTHE.

Ces travaux de recherches nous paraissent tout à fait inutiles. En effet, l'inclinaison de la veine apparente ou faille qui a coupé le filon, étant au sud, celle du filon, avant la rencontre de la faille, étant au nord-est, le rejet doit être à l'ouest, en AY par exemple ; et nous avons vu qu'aucune recherche n'a été faite dans cette direction.

FILONS DE SAINT-MICHEL. — TRAVAUX DE RECHERCHES.

Observations sur ces travaux de recherches. — Le filon principal de Saint-Michel, dirigé sur 8 heures et incliné au N.-E., a butté contre une veine apparente ou faille (probablement la même qui a limité au sud les travaux de Sainte-Marthe), dirigée sur 4 heures 5/8. Le seul travail de recherche, entrepris pour retrouver ce filon, consiste en une petite traverse poussée dans le dérangement et vers l'est ; tandis que d'après l'inclinaison du filon et de la faille le rejet a dû avoir lieu vers l'ouest.

FILONS DE SAINT-LOUIS. — TRAVAUX DES RECHERCHES.

Ces filons sont coupés par celui de Sainte-Marie au Nord. Ils n'ont été exploités que sur la rive gauche de la rivière.

En examinant les plans l'on voit que les recherches ont été faites par les galeries 7 et 10. Ces galeries qui paraissent avoir été poussées dans le toit du filon Sainte-Marie sont situées à l'est des points de rencontre de celui-ci et du filon de Saint-Louis. Or, quand même ceux-ci seraient rejetés vers l'est, il est plus que probable que les recherches ainsi poussées dans le toit du croiseur ne pouvaient atteindre le but. De plus rien ne nous prouve que le rejet n'ait pas eu lieu vers l'ouest et comme aucun travail n'a été fait de ce côté, l'on est en droit de conclure que les recherches faites pour rencontrer les filons de Saint-Louis au-delà du croiseur Sainte-Marie ont été insuffisantes.

Filon de Sainte-Elisabeth. — Travaux de recherches.

Observations sur ces travaux de recherches. — Ces filons dirigés sur 6 heures 6/8 et 8 heures 4/8 et inclinés vers l'ouest, ont été coupés du côté du sud par un banc d'ardoises d'une toise d'épaisseur incliné aussi au sud ; il se pourrait que ce dérangement ne fût autre que celui contre lequel ont butté les filons de Sainte-Marthe et de Saint-Michel.

La seule recherche faite a consisté en une galerie *s* qui, d'après les plans, a à peine traversé le toit du dérangement. Or, d'après les inclinaisons de la faille et des filons, ceux-ci ont dû être rejetés vers l'est, du côté des angles x et x', en $x\,x$ et $o\,o'$ par exemple, côté vers lequel aucune recherche n'a été faite.

§ 4. — Indication des travaux à faire pour développer l'exploitation des filons de cuivre, constituant le 1er groupe, avec un aperçu approximatif des dépenses.

Détail des travaux a faire.

Tous les ingénieurs qui se sont occupés des gisements de Banca ont été unanimes pour reconnaître que l'exploitation des nombreux filons de cuivre, constituant le 1er groupe, pouvait être reprise avec bien des chances de réussite ; mais à condition que l'on ne se bornât point à exploiter chaque filon en particulier et que l'on rattachât au contraire à un système général d'exploitation tous les travaux à faire.

Quant aux nombreux gisements qui se trouvent plus ou moins éloignés de l'établissement *et qui constituent le 2me groupe des filons de cuivre,* je serais d'avis de retarder leur exploitation jusqu'au moment où celle du premier groupe, dont je viens de parler, serait couronnée de succès. Nous ne nous occuperons donc, dans le présent paragraphe, que des filons de cuivre constituant le 1er groupe et situés à proximité de l'établissement.

En jetant les yeux sur les plans d'ensemble (Fig. 1), l'on

reconnaît que ce qu'il y a de plus rationnel à faire pour reprendre et développer l'ancienne exploitation de Banca, consiste tout bonnement en le fonçage de 2 puits et l'installation d'un perforateur sur le 1ᵉʳ niveau est, des travaux actuels (filon de Berg-op-Zoom).

Ces deux puits que je désignerai par les lettres P et R seraient posés :

Celui P près de l'entrée de la galerie 2 des 3 Rois.

Et celui R dans le quadrilatère formé par les filons de Saint-Louis, de Sainte-Elisabeth, de Sainte-Marie et d'Aoust.

1ᵉʳ *champ d'exploitation K, créé par l'installation d'un perforateur, sur le 1ᵉʳ niveau est.*

L'on peut admettre qu'à l'aide du perforateur, l'avancement mensuel du 1ᵉʳ niveau Est serait de 15 à 20 mètres dans les quartzites, et de 30 à 40 dans les schistes, soit en moyenne 25 mètres par mois où 300 mètres par an ; dans deux ans, cet avancement serait donc de 5 à 600 mètres et d'après toutes les probalités l'on aurait recoupé :

1° Les filons de Saint-Louis ;

2° Les filons de Sainte-Elisabeth ;

3° La veine *l* de cuivre gris, partante de Sainte-Marthe ;

4° Les filons de Philipsbourg ;

5° Enfin tous les croiseurs ou veines partantes de Berg-op-Zoom.

L'on aurait alors un premier et vaste champ d'exploitation K, et la possibilité de maintenir la production à un chiffre relativement élevé.

2ᵉ *champ d'exploitation K', créé par le fonçage du puits R.*

Par le fonçage du puits R, placé dans le quadrilatère formé par les filons de Saint-Louis, de Sainte-Elisabeth, de Sainte-Marie et d'Aoust, l'on créerait, sous peu de temps, un 2ᵐᵉ et vaste champ d'exploitation K'.

Les distances entre les filons de Saint-Louis et de Sainte-Elisabeth et le puits étant, à l'orifice de celui-ci, de 100 et de 140ᵐ ; ces mêmes distances prises au fond du puits, c'est-à-dire à la profondeur de 100 mètres, ne seraient que de 80 et 88 mètres.

Les 100 mètres de fonçage de ce puits R pouvaient être terminés dans 2 ans, c'est-à-dire au moment même où le perforateur aurait fait avancer de 5 à 600 mètres le 1ᵉʳ niveau Est ; ce perforateur pourrait donc alors être employé au fond de ce puits R pour :

1° Pousser dans le filon d'Aoust, que l'on aurait atteint par un petit travers-banc, 2 galeries en direction, de 80 et 88 mètres de longueur pour aller recouper les filons de Saint-Louis et de Sainte-Elisabeth ;

2° Pousser dans chacun de ces filons de Saint-Louis et de Sainte-Elisabeth 2 galeries, dirigées au nord et au sud du point de rencontre.

L'avancement de ces diverses galeries pourrait être terminé dans 2 ans, c'est-à-dire au maximum, 4 ans après le commencement du fonçage des puits R et P.

3ᵐᵉ champ d'exploitation K', créé par le fonçage du puits P.

Placé non loin de l'entrée de la galerie 2 des 3 Rois et au toit de celui-ci, le puits P serait foncé à 200 mètres, et ce travail pourrait être achevé au plus tard dans 4 ans, c'est-à-dire lorsque les galeries, poussées du fond du puits R, auraient recoupé et exploré sur une certaine étendue les filons d'Aoust, de Saint-Louis, de Saint-Elisabeth, etc., ce qui permettrait d'utiliser enfin le perforateur au fond de ce puits P, pour pousser sur les filons des 3 Rois et de Sainte-Marthe 2 galeries en direction.

Par la 1ʳᵉ de ces galeries, celle poussée sur le filon des 3 Rois, l'on recouperait :

1° Les nombreuses veines partantes de ce filon des 3 Rois ;

2° Le filon de Berg-op-Zoom, vierge de tous travaux au-dessous du niveau de la rivière ;

3° Le filon Sainte-Marie.

Et par la 2me des 2 galeries en direction, celle dirigée sur Sainte-Marthe, l'on pourrait exploiter :

1° La partie de ce filon, sise entre cette galerie de niveau et celle 11 des anciens, c'est-à-dire un massif ayant 140 mètres de hauteur verticale ;   -

2° La veine l, de cuivre gris, partante de ce filon de Sainte-Marthe.

Enfin du point de rencontre de la première de ces galeries de niveau avec le croiseur Sainte-Marie, l'on pourrait ouvrir une galerie de recherche pour retrouver le filon des 3 Rois au-delà de ce croiseur.

Cette recherche qui fut imparfaitement tentée par les anciens au-dessus du niveau de la rivière, et par le prolongement de la galerie 2, est d'autant plus importante que, d'après tous les ingénieurs qui se sont succédé et occupé de Banca, le filon des 3 Rois accusa une très-grande richesse dans la zone comprise entre 60 et 120 mètres au-dessous de la nive et sur une longueur de 100 mètres en direction ; l'épaisseur du minerai massif, composé en très-grande partie de cuivre gris très-argentifère, était généralement de un mètre.

Il est plus que probable que si la recherche en question aboutissait, si l'on rentrait dans le filon des 3 Rois, l'on retrouverait la continuation de cette zone riche.

Pour avoir un aperçu du chiffre que pourrait atteindre la production, au moment où tous les travaux préparatoires sus-indiqués seraient terminés, il suffit d'indiquer, non les chantiers qu'on pourrait ouvrir, mais tout bonnement les filons et veines qu'on pourra exploiter dans chacun des 3 champs d'exploitation.

Par le 1er *champ d'exploitation K,* l'on pourra exploiter au-dessus du niveau de la nive :

1° Le filon de Berg-op-Zoom sur une longueur de 600 mètres ;

2° Les filons de Saint-Louis ;

3° Les filons de Sainte-Elisabeth ;

4° La veine *l* de cuivre gris partante de Sainte-Marthe ;

5° Les filons de Philipsbourg, etc., etc.

Par le 2ᵐᵉ champ d'exploitation K' (c'est-à-dire par le puits R), l'on pourra exploiter :

1° Le filon d'Aoust, vierge de tous travaux ;

2° Les filons de Saint-Louis exploités par les anciens jusqu'à la profondeur de 36 mètres au-dessous de la nive ;

3° Les filons de Sainte-Elisabeth exploités jusqu'à 30 mètres au-dessous de la rivière ;

4° Le filon de Sainte-Marie ;

5° Les filons de Philipsbourg ;

6° Enfin le filon de Berg-op-Zoom qu'on pourra atteindre en poussant une galerie dans les filons de Saint-Louis et de Sainte-Elisabeth, retrouvés au-delà du croiseur Sainte-Marie.

Par le 3ᵐᵉ champ d'exploitation K'' (c'est-à-dire par le puits P), l'on pourra exploiter :

1° Le filon des 3 Rois, sur une hauteur de 40 mètres ;

2° Les nombreuses veines ou filons partant des 3 Rois ;

3° Le filon de Sainte-Marie ;

4° Le filon de Berg-op-Zoom ;

5° Faire la recherche du filon des 3 Rois au-delà du croiseur Sainte-Marie ;

6° Le filon de Sainte-Marthe, sur une hauteur verticale de 140 mètres ;

7° La veine *l* de cuivre gris partante de Sainte-Marthe.

Enfin le filon de Saint-Michel que l'on pourra recouper par une galerie poussée dans la veine cotée D.

Voyons maintenant quelles peuvent être les dépenses à faire pour arriver à ce développement des travaux.

1ᵉʳ *champ d'exploitation K*, créé par l'avancement rapide du 1ᵉʳ niveau Est.

1° Installation d'un perforateur. 50,000

2me *champ d'exploitation K'*, créé par le fonçage du puits R.

1° Fonçage du puits R, 100 mètres à 200 20,000

2° Machine d'extraction, installation, etc. 15,000

3° Machine hydraulique et pompes, installation, etc. 20,000

4° Boisage du puits, 100 mètres à 30. . 3,000

5° Chevalement et câbles 5,000

6° Travers - bancs, reliant le fond du puits au filon d'Aoust, 50 mètres à 80. 4,000

7° Pose du perforateur au fond du puits, à la fin de la 2me année 3,000

8° Machines d'extraction et d'épuisement (main-d'œuvre pour le fonctionnement de ces machines et leur entretien), à 3 postes par jour, soit environ 800 fr. par mois, pour deux ans et pour les deux machines . . . 19,200

Total. 89,200   89,200

3me *champ d'exploitation K''*, créé par le fonçage du puits P.

1° Fonçage du puits P, 200 mètres à 200 40,000

2° Boisage, 200 mètres à 30. 6,000

3° 120 mètres de galeries ou traverses, dirigées sur le filon des 3 Rois, pour assécher les anciens travaux à mesure de l'approfondissement du puits à 60. 7,200

A reporter. 53,200   139,200

Report. . . . ,	53,200	139,200

4° Machine d'extraction, consistant en
etc. 15,000

5° Machine hydraulique 30,000

6° Chevalement et câbles 8,000

7° Réparations du canal et de l'aqueduc
sur la nive 8,000

8° Pose du perforateur au fond du puits
R, à la fin de la 4ᵐᵉ année 3,000

9° Machines d'extraction et d'épuisement (main-d'œuvre pour le fonctionnement de ces machines et leur
entretien), à 3 postes par jour, soit
environ et par machine 800 fr. par
mois, et pour 4 ans 38,400

10° Imprévu 15,200

Total des dépenses pour le 3ᵐᵉ
champ d'exploitation. 170,800   170,800

Total général des dépenses à faire
pour créer les trois champs d'ex-
ploitation 310,000

Cette somme de 310,000 fr. serait à dépenser dans un délai de 4 ans, et la dépense afférente à chaque année serait la suivante :

Pendant la 1ʳᵉ année :

1° Perforateur 50,000

2° 100 mètres de fonçage de puits. . . 20,000

3° Boisage de ces 100 mètres 3,000

4° 2 machines d'extraction 30,000

5° 2 machines hydrauliques 50,000

6° Chevalements et câbles 13,000

7° Réparations du canal et de l'aqueduc 8,000

A reporter. 174,000

Report.		174,000	
8° Traverses pour assécher les 3 Rois :			
20 mètres		1,200	
9° Machine d'extraction et d'épuisement (frais de main-d'œuvre pour leur fonctionnement et leur entretien, etc.		19,200	
10° Imprévu.		3,800	
Total.		198,200	198,200

Pendant la 2me année :

1° 100 mètres de fonçage de puits . . .		20,000	
2° Boisage de ces 100 mètres		3,000	
3° Traverses pour assécher les 3 Rois . .		1,500	
4° Machines d'extraction et d'épuisement (frais de main-d'œuvre pour fonctionnement et leur entretien) .		19,200	
5° Imprévu.		3,800	
Total.		47,500	47,500

Pendant la 3me année :

1° 50 mètres de fonçage de puits. . . .		10,000	
2° Boisage de ces 50 mètres		1,500	
3° Travers-bancs reliant le fond du puits P au filon d'Aoust		4,000	
4° Traverses pour assécher les 3 Rois . .		1,800	
5° Pose du perforateur au fond du puits P		3,000	
6° Machines d'extraction et d'épuisement (frais de main-d'œuvre pour leur fonctionnement et leur entretien).		9,600	
7° Imprévu.		3,800	
Total.		33,700	33,700
A reporter.			279,400

Report.		279,400
Pendant la 4ᵐᵉ année :		
1° 50 mètres de fonçage de puits. . . .	10,000	
2° Boisage de ces 50 mètres	1,500	
3° Traverses pour assécher les 3 Rois. .	2,700	
4° Pose du perforateur au fond du puits R	3,000	
5° Machines d'extraction et d'épuisement (frais de main-d'œuvre pour leur fonctionnement et leur entretien)	9,600	
6° Imprévu.	3,800	
Total.	30,600	30,600
Total égal		310,000

§ 5. — Evaluation de la production du minerai par mètre carré de surface exploitée.

L'évaluation de la production en minerai marchand par mètre carré de surface exploitable est, en l'état des choses, très-difficile, pour ne pas dire impossible ; car des nombreux filons ou veines exploités par les anciens, et décrits ci-avant, ce n'est que sur un seul d'entre eux (celui de Berg-op-Zoom) que nous avons entrepris quelques travaux. Néanmoins, et malgré que les éléments nécessaires nous fassent défaut, nous allons essayer de résoudre, aussi approximativement que possible, cette question de production.

Nous avons vu que la puissance du filon de Berg-op-Zoom variait de 0ᵐ,25 à 1ᵐ,30 et que le minerai, mélange de cuivre gris et pyriteux, se présentait tantôt en veinules massives de 0ᵐ,02 à 0ᵐ,20 d'épaisseur, tantôt disséminé dans la gangue et parfois même que le filon était tout à fait stérile ; par suite, en tenant compte de ces alternances de renfleurements et d'étranglements, que l'on constate dans toutes les mines métalliques, l'on peut admettre pour la puissance réduite du minerai massif, le chiffre de 5 à 5 ¹/₂ centimètres.

D'après cela, le mètre carré de surface exploitable donnerait de 50 à 55 décimètres cubes de minerai massif à 20 p. %/ de cuivre et pesant environ 185 kilogrammes.

Pour déterminer la valeur d'un semblable minerai, nous nous baserons tout bonnement sur la moyenne des analyses faites, sur un lot d'environ 100 tonnes de ce minerai ; moyenne qui pour une teneur en cuivre de 20 p. %/ accusait une teneur de 1350 grammes d'argent à la tonne de minerai. Cette teneur de 1350 grammes d'argent à la tonne de minerai, peut bien être considérée comme une moyenne. J'ajouterai même que toutes les analyses faites sur des échantillons (mélange de cuivre gris et pyriteux) ont donné une teneur plus élevée ; ainsi, de nombreux essais par nous faits sur des échantillons de cuivre gris pur et de cuivre gris mélangé de cuivre pyriteux, ont donné une teneur en argent variant de $7^k,200$ à $2^k,500$ grammes à la tonne de minerai.

Enfin un échantillon de cuivre gris avec mouches de cuivre pyriteux, provenant du filon de Berg-op-Zoom, analysé en 1873 à l'Ecole des Mines à Paris, a accusé une teneur de :

En cuivre, de 31 p. %/.

Et en argent, de $10^k,500$ à la tonne de minerai.

La valeur de la tonne d'un semblable minerai, contenant 20 p. %/ de cuivre et 1.350 grammes d'argent, est de :

200 kil. cuivre à 1,25.	250 »
1.350 grammes argent à 0,21.	283 50
Total.	533 50
A déduire pour frais de traitement.	90 »
Reste pour la valeur de la tonne.	443 50

En résumé, le mètre carré de surface exploitable donne un poids de 185 kilogrammes de minerai d'une valeur de $82^f,04$.

Voyons maintenant à combien peuvent s'élever les frais d'extraction et autres et quel est, par suite, le bénéfice à faire par tonne de minerai.

Pour une roche de la dureté de celle de Banca, schistes plus ou moins siliceux, traversée par des bancs de quartzites, l'on peut compter 16 fr. par mètre cube de roche en place, pour l'ensemble des frais d'extraction de roulage et de boisage ; et en supposant que les galeries aient 2 mètres de hauteur et 1^m,35 à 1^m,40 de largeur, l'ensemble de ces frais d'exploitation par mètre carré de surface du filon sera de 22 fr.

Or, comme il est prudent, à cause des alternances des renfleurements et d'étranglements des veines de minerai, *de compter dans les devis et aperçus des dépenses sur une étendue de travaux stériles au moins égale à celle des travaux productifs, ces frais d'exploitation s'élèveront réellement au double,* c'est-à-dire à fr. 44 par mètre carré de surface produisant minerai.

D'après ce qui précède, nous avons vu que le mètre carré de surface donnera 185 kilogrammes de minerai marchand, ce qui porte le prix de revient des 100 kilogrammes de minerai à 23 78

En ajoutant à ce chiffre :

1° Les frais de préparation mécanique évalués à, au plus 30, par tonne de minerai. . . . . 3 »

2° Les frais généraux des mines et de laverie (non compris l'intérêt des capitaux engagés) à 30 fr. par tonne, ci. . . . . 3 »

3° Les frais de transport depuis Banca à Bayonne. En l'état des choses, ces frais sont de 20 fr. par tonne, ci. . . . . 2 »

Nous trouvons, en définitive, pour le prix de revient total des 100 kil. de minerai marchand, rendus à Bayonne, 31^f,78, ci 31 78

La valeur des 100 kilogrammes de minerai étant de 44^f,35.

L'on aura donc par 100 kilogrammees de minerai un bénéfice de 12 57, soit de 125 70 par tonne de minerai rendue à Bayonne.

DEUXIÈME PARTIE

§ 1. — Description des gisements de fer et principalement de celui d'Ustéléguy.

MINE DE FER D'USTÉLÉGUY.

La montagne d'Ustéléguy, dans laquelle se trouve la mine du même nom, est limitée au sud-est, à l'est et au N.-E., par la nive des Aldudes, depuis Bidart à Bidarray ; au sud-ouest, à l'ouest et au nord-ouest, par les ruisseaux de la Bastide et Laxarre, dont le col d'Ustéléguy est le point de séparation.

Le terrain constituant cette montagne se compose, à partir de la base, de schistes argileux du terrain de transition, recouverts par des couches d'argile et de grès rouges, alternant avec des poudingues, et enfin par des bancs de grès bigarrés. Ces grès d'une stratification très-régulière, sont divisés en feuillets si minces (1 à 2 centimètres) qu'on les exploite en plaques de plus d'un mètre coté. Selon l'épaisseur des bancs, on les emploie pour carrelage, dallage, clôtures. Les bancs épais fournissent des pierres de taille, des pierres à aiguiser et, lorsque leur composition est homogène, ils peuvent aussi être employés comme pierres réfractaires ; l'usine à fer de Banca n'employait pas d'autres pierres pour l'intérieur des hauts-fourneaux.

La direction de toutes ces couches de schistes et de grès est sensiblement N. 20 à 30° E, avec inclinaison de 20 à 30° à l'ouest.

Le filon principal d'Ustéléguy, celui sur lequel des travaux ont été entrepris à différentes époques, à même direction que les couches du terrain encaissant, c'est-à-dire N. 20 à 30° E, avec inclinaison de 60 à 70° vers l'est. D'après ces données, l'on voit que le plan du filon est perpendiculaire au plan des couches qui l'encaissent. La puissance du filon est considérable ; elle est de 5 à 6 mètres, dans la principale des galeries ouvertes par les anciens, et, dans les autres endroits, elle ne descend jamais au-dessous de $1^m,50$ à 2 mètres.

Le minerai est du fer spathique (fer carbonaté), d'une couleur blanche tirant sur le blond et brunissant par l'exposition à l'air. Le long des affleurements, mais principalement sur les plateaux et sur le versant de Bidarray, l'on observe des parties où le carbonate a été décomposé et transformé en hydroxide concrétionnée et fibreux (hématite). L'analyse de 2 échantillons de ces hématites a accusé une teneur :

De 48 à 58 p. $\%$ de fer métallique.

Et de 0,23 p. $\%$ de péroxide de manganèse. L'analyse faite à l'école de Saint-Etienne d'un échantillon de minerai provenant du gisement d'Ustéléguy, a donné le résultat suivant :

Acide carbonique	35,50
Protoxyde de fer	55,66
Peroxide de fer	2,50
Protoxide de manganèse	0,55
Chaux	0,80
Magnésie	4,34
Quartz	0,65

Travaux faits. — Les travaux les plus importants, que je désignerai sous le nom de mine d'Ustéléguy, furent ouverts sur la rive droite du Machétacoa, petit cours d'eau qui se jette dans le ruisseau de la Bastide, à 3 kilomètres en amont du point où ce dernier déverse ses eaux dans la nive des Aldudes.

Ces travaux consistent en deux galeries à travers-bancs A et A' et en deux galeries en direction a et b, poussées dans le filon, à partir du point où la galerie à travers-bancs supérieure A rencontre celui-ci.

La galerie supérieure A, dirigée O.-E. atteignit le filon à environ 75 mètres de son orifice. De ce point de rencontre, l'on poussa dans le filon les deux galeries en direction a et b.

La galerie de niveau a la plus importante, dirigée au nord, a' une longueur, m'a-t-on assuré, de 240 à 250 mètres. Il m'a été impossible de la parcourir dans son entier, à cause de l'eau qui remplit des excavations pratiquées dans la sole ; mais je l'ai parcourue et examinée sur une longueur d'environ 100 mètres ; sur toute la longueur de cette galerie, dont la hauteur varie de 6 à 15 mètres, l'on a enlevé une épaisseur de 4 à 6 mètres de minerai massif ; celui-ci s'observe encore en bien des points, de la galerie et au toit du filon.

L'avancement de cette galerie qui, je le répète, je n'ai pu visiter, était poussé sur 2^m,50 à 3 mètres de largeur et dans le minerai massif.

La galerie de niveau b, dirigée au sud, ne fut poussée qu'à une trentaine de mètres à cause des éboulements.

La galerie à travers-bancs inférieure A' fut ouverte à 32 mètres de hauteur verticale au-dessous de celle A ; dirigée E. 15° N, cette galerie recoupa le filon à environ 190 mètres de son orifice et l'on constata que celui-ci était de même nature et de même puissance que dans le niveau supérieur. Une cheminée, devant relier les deux niveaux, fut ouverte dans le filon ; son avancement est d'environ 6 mètres. Ce travail fut, en même temps que tous les autres travaux d'Usteléguy, abandonné lors de la cessation des travaux à Banca.

Divers autres travaux ont été entrepris à différentes époques et à différents points des affleurements. Je vais en donner une description succincte et tout d'abord décrire ceux que l'on rencontre en se dirigeant au nord, le long des affleurements, à partir de la galerie à travers-bancs A.

Série d'attaques X. — En suivant les affleurements à partir de cette galerie à travers-bancs A, jusqu'au sommet de la colline formant la rive droite de Miachétocoa-Erréca, l'on observe, sur une grande partie de ce parcours, des indices d'une grande quantité de minerai et des traces de travaux à ciel ouvert que je désigne sous le nom d'attaques X.

Série d'attaques X'. — Si du faîte de cette colline, qui

forme un espèce de dos d'âne, l'on descend sur le versant opposé de l'Arrancoa-Erréca, l'on retrouve une série d'attaques et galeries X', qu'on ne peut visiter à cause des éboulements.

Ces galeries X' furent ouvertes, m'a-t-on dit, du temps de M. de Ricqbourg, c'est-à-dire pendant les premières années de marche du haut-fourneau de Banca. Un chemin à mulets avait été fait jusqu'à l'ouverture principale de ces attaques, par laquelle se faisait la sortie des minerais et à laquelle se reliaient, par des cheminées, toutes les galeries d'un niveau plus élevé.

N'ayant pu, et je le regrette, visiter l'intérieur de ces travaux, je ne puis que rapporter les renseignements qui m'ont été fournis et d'après lesquels le filon avait, en ces divers points, de 2 à 4 mètres de puissance.

Série d'attaques X^2. — Sur la rive droite de l'arranca-Erréca, et toujours sur la même direction N. 20 à 30 E., l'on observe quelques attaques X^2, de peu d'importance. Ces attaques durent être abandonnées à cause de la difficulté des transports et de la plus grande facilité de se procurer le minerai soit par les travaux de la galerie de niveau a, soit par la série des attaques X entreprises sur la rive droite du Miachétacoa-Erréca.

En suivant les affleurements sur la rive droite de l'Arrancoa, l'on arrive sur un plateau couvert d'ajoncs et de broussailles et où il est impossible de rien observer. D'après la carte de l'état-major, ce plateau est à l'altitude de 700 mètres.

Série d'attaques X^3. — En longeant le plateau, suivant sa direction N. 20 à 30 E., l'on arrive à une nouvelle série d'attaques X^3, ouvertes sur le versant de Saint-Martin-d'Arrossa, et à peu de distance de la ligne de séparation des vallées de Laxare et de Saint-Martin-d'Arrossa. Ces attaques X^3, qui consistent en puits et galeries remplis d'eau, s'observent jusque non loin de la maison d'Arretché, à 6 ou 800 mètres de la rive.

Dans toutes, le filon a sensiblement la même direction et une puissance variant de 1,50 à 2,50. Le minerai est un mélange de fer spathique et d'hématite. Il est probable que d'autres attaques doivent exister à un niveau plus bas, et il est non moins probable que les traces d'un affleurement observées sur la rive gauche de la nive et au point où celle-ci reçoit les eaux du ruisseau qui descend de Doudérama, ne sont autres choses que celles du filon d'Ustéléguy.

Traces Y, d'un affleurement sur le bord de la nive, à 2 ¹/₂ ou 3 kilom. de Bidarray. — Ce point, que je désignerai par Y, est situé à 2 ¹/₂ ou 3 kilom. de Bidarray.

Attaques Y, près l'église de Saint-Martin-d'Arrossa. — Pour compléter la série des travaux faits au nord des travers-bancs A, je mentionnerai une série de galeries Y' en grande partie éboulées, ouvertes à proximité de l'église de Saint-Martin-d'Arrossa, à une vingtaine de mètres au-dessus du niveau de la nive, à 1,200 mètres environ à l'est des attaques X' et à 2 kilom. au sud des traces Y.

Ces travaux, exploités en dernier lieu par l'établissement de Mendive, ont fourni du minerai de même nature que ceux d'Ustéléguy.

Travaux au sud du travers-bancs A. — Je passe maintenant à la description des travaux faits au sud du travers-bancs A.

Attaques V. — A 100 ou 200 mètres au sud du travers-bancs A, l'on observe des traces d'anciens travaux à ciel ouvert, V, aujourd'hui complètement recouvertes de terre végétale.

Si l'on continue à descendre en suivant la même direction, l'on arrive, après un parcours de 6 à 800 mètres environ, au ruisseau de la Bastide.

Attaques V'. — D'après un rapport de M. l'ingénieur Prévot et le dire du mineur Berro, ami du surveillant Sorondo, quelques travaux V', furent ouverts en ce point, il y a une quarantaine d'années. Ils consistaient :

« En un puits d'une dizaine de mètres de profondeur,
« creusé dans le lit même du ruisseau et en une galerie hori-
« zontale partant du fond de ce puits et dirigée dans le filon
« vers le sud. Cette galerie fut poussée jusqu'à 40 mètres
« d'avancement, et sur tout son parcours le filon avait une
« puissance de 2 mètres de minerai, presque massif; au sol
« de la galerie, le minerai existait avec la même épaisseur.
« Les eaux que l'on extrayait à l'aide des pompes à bras, furent
« la cause de l'abandon de ce travail. »

Au-delà de ces attaques V', c'est-à-dire au sud du ruisseau
de la Bastide, l'on n'a à signaler aucuns travaux faits sur la
continuation du filon.

De toutes les observations qui précèdent l'on peut en déduire :

a. — Que les travaux faits, à ce jour, sur le gisement d'Ustéléguy, quoique d'une certaine importance, sont relativement
minimes en comparaison de celle du gisement.

b. — Que les diverses attaques faites sur les affleurements
ont fait reconnaître le gisement sur une longueur horizontale
d'au moins 2,500 mètres et de 3,000 mètres si l'on part des
attaques V'.

GISEMENT DE FER SPATHIQUE DE LISQUETTA.

Le gisement de fer spathique de Lisquetta est situé à 1,500
mètres environ à l'ouest de l'église de Baïgorry et à 4 $\frac{1}{2}$ kil.
au sud-sud-est des attaques V' faites sur le filon d'Ustéléguy.

Travaux faits. — Diverses attaques ont été faites sur un
filon de fer carbonaté, puissant de 2 mètres, dirigé N. 20 à
35 E. et incliné de 50 à 60 vers l'est. Les roches encaissantes
sont les schistes de transition, mais au bas de la vallée, l'on
observe les roches ophitiques (porphyres verts amphiboliques),
autour desquelles apparaissent des amas de gypse.

L'attaque principale que j'ai visitée a 50 à 60 mètres de
longueur. Sur les 30 derniers mètres, l'on a tout pris, jusqu'aux
affleurements, c'est-à-dire sur une hauteur de 20 mètres.

A 20 mètres au-dessous de cette attaque, l'on avait commencé une galerie à travers-bancs que l'on arrêta avant d'avoir recoupé le filon. D'après Dietrich, il ne manquait à faire, au moment de la suspension de cette galerie, qu'une dizaine de mètres pour atteindre le but.

Ce gisement de Lisquetta étant distant de près de 5 kilom. des dernières attaques faites au sud du filon d'Ustéléguy, l'on ne peut assurer que les deux filons n'en font qu'un seul, mais l'on peut dire qu'il y a entre eux une correspondance évidente ; qu'ils sont au moins de la même formation géologique et identiques dans tous leurs caractères.

GISEMENT DE FER OLIGISTE D'OCCOS, D'IROULÉGUY ET D'ANHAUX.

La vallée transversale reliant Baïgorry à Saint-Jean-Pied-de-Port, et dans laquelle se trouvent les villages d'Occos-d'Irouléguy et d'Anhaux, est formée des marnes calcaires et argileuses de la partie supérieure du grès bigarré.

C'est dans ces marnes que se trouvent plusieurs couches de fer oligiste, à cassure brillante, dont l'épaisseur en minerai varie de 0,50 à 1,30 et qui ont été exploitées pour fournir à l'alimentation du haut-fourneau de Banca.

GISEMENT DE FER OLIGISTE DE BÉLÉCHY.

Ce gisement s'observe, à 5 kilom. au nord-ouest de l'usine de Banca, dans le quartier de Béléchy et à quelques centaines de mètres au-dessous et au sud-sud-ouest du col de Aarça.

Dirigé N.-S. et incliné à l'est, la puissance de ce filon varie de 1,50 à 2 mètres ; il est encaissé dans des schistes de transition.

Ce minerai de fer oligiste, qui est sans action sensible sur l'aiguille aimantée, est écailleux, de couleur gris noir ; il se divise en paillettes brillantes, douces au toucher. Les parties qui ne sont point tout à fait pures sont mélangées de quartz, de feldspath et de fer carbonaté.

Les travaux faits ont consisté en une attaque de quelques mètres de longueur.

Gisement de fer spathique et d'hématite d'Escourléguy.

A 5 kilom. au N.-O. de l'usine de Banca, sur la rive droite et à une quarantaine de mètres au-dessus du ruisseau le Gaharsum, l'on observe des traces d'anciens travaux, ouverts sur un filon dirigé sur les 9 heures. Ce filon, dont je n'ai pu constater la puissance, à cause des éboulements, est encaissé dans les schistes de transition, et le minerai qu'il renferme est un mélange d'hématite brune et de fer spathique.

Voici l'analyse de ce minerai telle qu'elle est rapportée dans l'ouvrage de M. Berthier :

Carbonate de fer.	0,862
Carbonate de manganèse. . . .	0,008
Carbonate de magnésie.	0,112
Carbonate de chaux	0 »
Guangue	0,018

Gisement d'hématite brune de Mizpira.

A 5 kilom. au S.-S.-O. de l'usine de Banca, dans la vallée de Hayra et à quelques centaines de mètres au-dessous du col de Mizpira, se trouvent les travaux dits de Mizpira, encaissés dans les schistes de transition, et à l'aide desquels l'on a exploité pendant assez longtemps, pour l'usine de Banca, un filon d'hématite brune de 1 mètre à 1,50 de puissance.

DEUXIÈME PARTIE.

§ 2. — Indication des travaux à faire pour développer l'exploitation du filon de fer spathique d'Ustéléguy.

Avant de donner une indication sommaire des travaux qu'il y aurait à faire à Ustéléguy pour développer le plus possible l'exploitation de ce gisement de fer, nous allons donner un aperçu de l'importance de ce gisement, en déterminant, aussi approximativement que possible, quel est le cube de minerai à enlever.

La longueur horizontale entre la galerie à travers-bancs A et les attaques X^3 sur le versant de Saint-Martin-d'Arrossa est, d'après la carte de l'état-major, de 2,200 mètres.

La hauteur moyenne verticale des divers points des affleurements au-dessus de cette galerie A est d'environ 180 mètres, soit 200 pour la ligne de plus grande pente du filon.

Quant à la puissance, nous avons vu qu'elle était variable, qu'elle atteignait de 4 à 6 mètres de minerai massif dans la galerie de niveau a, et qu'en aucun point elle ne descendait au-dessous de 1,50 à 2 mètres.

En admettant ce dernier chiffre de 2 mètres, cela donne pour le cube à enlever :

$$2,200 \times 200 \times 2 = 880,000 \text{ mètres cubes,}$$
soit environ :
$$3,080,000 \text{ tonnes de minerai.}$$

Si, au lieu de prendre pour point de départ de la ligne horizontale la galerie à travers-bancs A, l'on reporte ce point de départ à l'attaque V' (c'est-à-dire au ruisseau de la Bastide), celle-ci étant à environ 800 mètres de distance horizontale de la galerie à travers-bancs A et à 100 mètres environ, suivant la ligne de plus grande pente du filon, au-dessous de la galerie de niveau a, nous aurons, pour le cube à enlever, le chiffre de :

$$3,000 \times 300 \times 2 = 1,800,000 \text{ mètres cubes}$$
ou :
$$6,300,000 \text{ tonnes.}$$

Mais, comme dans toute exploitation il y a nécessairement des parties pauvres et stériles, *je suppose que celles-ci égalent les travaux donnant du minerai ;* dans cette hypothèse, qui est certainement au-dessus de la vérité, il reste toujours, pour la quantité de minerai à enlever au-dessus de l'attaque V',

$$3,150,000 \text{ tonnes.}$$

Travaux a faire pour développer l'exploitation d'Ustéléguy.

Nous avons vu que les derniers travaux un peu importants, faits aux mines d'Ustéléguy pour l'alimentation des forges de Banca, étaient situés sur le versant du ruisseau la Bastide, tandis que les attaques X^3, les plus éloignées au nord du travers-bancs A, étaient situées sur les versants de Saint-Martin-d'Arrossa et de Bidarray.

Si, en reprenant l'exploitation d'Ustéléguy, l'on n'avait pour but que la réouverture des forges de Banca ou d'autres, sises en avant de Baïgorry, ce serait alors sur le versant de la Bastide que les nouveaux travaux d'Ustéléguy devraient être concentrés ; mais si l'on se propose d'expédier le minerai à Bayonne, ces travaux de reprise des mines d'Ustéléguy devront être ouverts sur les versants de Saint-Martin-d'Arrossa ou de Bidarray, ce qui diminuera très-sensiblement les frais de transport et ceux d'entretien et de pose des voies ferrées.

Les données me manquent pour pouvoir préciser le point où il conviendra de poser cette galerie principale de sortage du minerai ; mais dès aujourd'hui nous savons qu'on pourra le placer :

a. — Dans l'un des vallons sis sur la rive droite du ruisseau le Laxarre.

b. — Ou en un point quelconque des affleurements du filon, non loin de la maison d'Arretché.

Dans l'hypothèse a, les travaux à faire seraient les suivants :

1° Galerie à travers-bancs, T, par laquelle se ferait la sortie de tout le minerai. Cette galerie serait située à environ 2 $^1/_2$ kilomètres de Bidarray.

2° Galeries de niveau t-s, poussées dans le gîte, à partir du point où celui-ci aurait été rencontré par le travers-bancs T.

3° Ouvrir, à des niveaux de 40-80 et 120 mètres au-dessus du travers-bancs T, d'autres travers-bancs T'-T''-T'''.

4° Des points de rencontre de ces travers-bancs avec le filon, pousser dans celui-ci les galeries de niveau :

$$t'-t''-t''' \ldots \ldots \ldots \ldots S' \; S'' \; S''' \ldots \ldots$$

5° Relier par des cheminéss, et dans le filon, toutes ces galeries de niveau $t \; t' \; t'' \; t''' \ldots \ldots \ldots \ldots S \; S' \; S'' \; S'''$.
$\ldots \ldots \ldots$

Ce travail de traçage étant en partie terminé, l'on pourrait commencer l'abatage des massifs, découpés par les galeries et cheminées.

Hypothèse b. — *Galerie de sortage T_0, sur les affleurements.* — Dans l'hypothèse b, les travaux à faire consisteraient en : 1° Galerie de niveau T_0, ouverte sur le filon en un point des affleurements et à un niveau égal où, si possible, inférieur aux attaques V', sises sur le ruisseau de la Bastide. L'orifice de cette galerie T_0 serait situé non loin de la maison Arretché et à quelques centaines de mètres du point W, où le ruisseau de Doundarémo déverse ses eaux dans la nive.

2° Galeries de niveau T_1-T_2-T_3 à ouvrir, dans le filon, à des niveaux de 25-50-70 mètres au-dessus des travers-bancs T_0.

3° Relier par des cheminées ces diverses galeries de niveau et, le traçage étant terminé en partie, commencer l'abatage des massifs découpés.

En réfléchissant aux travaux que nous venons de résumer pour chacune des deux hypothèses a et b, il est facile de comprendre que la production s'élèvera proportionnellement au développement des travaux de traçage et de découpage du gîte en massifs, et que pour la faire atteindre le chiffre de 1,000-2,000 ou 3,000 tonnes par mois, il suffira d'augmenter le nombre des chantiers.

§ 3. — Évaluation du prix de revient de la tonne de minerai de fer rendue à Bayonne :

a. — Dans l'état actuel des voies de transport,

b. — Dans l'hypothèse où l'on améliorerait ces voies de transport.

Tout d'abord nous évaluerons quels peuvent être les frais d'extraction par tonne de minerai.

Pour une roche de la nature et de la dureté du fer spathique, l'on peut compter, pour l'ensemble des frais d'extraction, de roulage et d'entretien des voies à l'intérieur, sur un prix de 90 francs par mètre courant de galerie de traçage, ayant de 2 mètres à 2^m,20 de largeur et 2^m,40 à 2^m,50 de hauteur.

Comme il faut tenir compte des travaux stériles, j'admettrai, et bien certainement c'est faire une bien large part à ceux-ci, que le tiers des galeries poussées dans le filon seront stériles ; par suite, le prix du mètre courant d'avancement de galerie donnant du minerai sera de :

$$90 + \frac{90}{3} = 120$$

Le cube moyen excavé par mètre courant d'avancement étant de 5^{mc},250, ce qui donne 18^{ton},4 de minerai, le prix de la tonne reviendra donc à :

$$\frac{120}{18\ 4} = 6^f,52$$

Ce prix de 6^f,52 s'applique à la tonne de minerai provenant des galeries de traçage poussées dans le filon ; mais si l'on considère un chantier en gradins, c'est-à-dire un abatage quelconque ouvert sur l'épaisseur du filon, que nous avons vu être au moins de 2 mètres, le prix de l'abatage du mètre cube de roche en place ne dépassera pas 12 fr., et en admettant, comme ci-devant, un tiers pour les parties pauvres ou stériles, ce prix du mètre cube sera de 16 fr.

Par suite, le prix de la tonne de minerai dans les chantiers en abatage sera de :

$$\frac{16}{3.5} = 4^f,57$$

Si nous admettons enfin que le cube total des galeries de traçage, soit au plus le cinquième du cube total des chantiers en abatage, l'on aura pour le prix moyen de la tonne de minerai :

$$\frac{6^f,52 + (4^f,57 \times 5)}{6} = 4^f,89$$

soit en nombre rond 5 francs.

Ce prix de 5 fr. est d'ailleurs celui que payaient les forges de Banca et de Mendive aux entrepreneurs et aux ouvriers.

Pour connaître le prix de revient de la tonne de minerai rendue à Bayonne, il ne nous reste qu'à évaluer les frais de transport, et, pour arriver à cette évaluation, nous supposons que le minerai sorte de la mine par la galerie principale T_0, sise sur le versant de Saint-Martin-d'Arrossa.

Quelle que soit la position de cette galerie de sortage, le minerai devra être rendu à Ustarits, port sur la nive, en passant par Bidarray.

Actuellement, ces deux villages, Ustarits et Bidarray, sont reliés par une route qui passe à Louhossoa et dont le parcours est de $20^k,500$.

De Bidarray au point W, rencontre de cette route avec le chemin reliant celle-ci à la galerie T_0, il y a 3 kilomètres, et ce dernier chemin ayant une longueur de 1 kilomètre, la distance totale à parcourir jusqu'au port d'Ustarits sera donc de 24 kil. 500.

La distance moyenne qu'un cheval attelé à une charrette peut parcourir dans la journée étant de 30 kilomètres, nous ne nous éloignerons pas de la vérité en admettant qu'un cheval ainsi attelé pourra faire 4 voyages par semaine depuis la mine à Ustarits.

Si nous supposons, en outre :

1° Qu'un cheval traîne une tonne ;

2° Que l'on ait des charrettes attelées de 2 chevaux et transportant 2 tonnes ;

3° Que le même ouvrier conduise deux charrettes ;

4° Et enfin que la dépense journalière du cheval soit de $2^f,75$ et celle du conducteur de 3 fr., nous aurons par semaine et pour 2 charrettes, ou pour 16 tonnes, la dépense suivante :

28 journées de cheval à $2^f,75$	77 »
7 id. de conducteur à 3 fr.	21 »
Plus pour l'entretien du matériel, amortissement, etc.	14 »
Total pour le transport de 16 tonnes. . .	112 »

Soit pour le transport de la tonne, depuis la mine à Ustarits, 7 fr., ci. . . . . 7 »

D'Ustarits à Bayonne, le transport se fera à l'aide de bateaux et ne reviendra pas à plus de $1^f,50$, ci. . 1 50

En ajoutant enfin 0,50 pour frais divers, ci. . . . 0 50

Cela donne pour le total des frais de transport d'une tonne de minerai de fer, depuis la mine à Bayonne, en l'état actuel des voies de communication. . . . . 9 »

En admettant, ce qui me paraît offrir bien des difficultés, que l'on pût se procurer les chars nécessaires pour le transport d'une quantité tant soit peu considérable de tonnes, ce chiffre de 9 fr. me paraît devoir faire renoncer à l'emploi de ce mode de transport.

J'ajouterai que ce chiffre de 9 fr. pourrait probablement s'abaisser un peu si la rectification projetée de la route, par le Pas-de-Rolland, était effectuée. Par cette rectification, la route ne passerait plus par Louhossoa ; elle suivrait la nive et déboucherait à Itsasson, par le Pas-de-Rolland. Une partie de ce nouveau tracé est exécutée, il ne reste que 5 kilomètres environ à ouvrir, et le département et les communes sont disposés à faire leur possible pour amener à bonne fin l'achèvement de cette voie de communication.

Par ce nouveau tracé, le parcours entre la mine et Ustarits serait réduit à 23 kilomètres, et l'on aurait une route à peu près horizontale avec pente insensible dans le sens du tirage, toutes choses favorables au transport.

Je suppose que cette rectification soit faite et que l'on se décide, en outre, à poser une voie ferrée, à traction par chevaux sur l'un des accotements de la route.

Dans ce cas, et en comptant 8 centimes par tonne et par kilomètre, la distance à parcourir, jusqu'à Ustarits, étant de 23 kilomètres, cela nous donne . . . .　1 84

Si nous supposons, en outre, que l'on améliore le port d'Ustarits, de manière à avoir un quai de chargement et des bateaux de 30 à 40 tonnes, le frêt entre ce port et Bayonne ne dépasserait pas 1 fr., ci . . . . .　1　»

En ajoutant pour les frais de chargement, de déchargement et l'imprévu, 1 fr. 16, ci . . . .　1 16

Cela nous donne pour les frais de transport de la tonne depuis la mine à Bayonne, dans le cas où les voies de communication seraient améliorées et qu'une voie ferrée à traction par chevaux serait posée, sur l'un des accotements de la route, entre la mine et le ports d'Ustarits, le chiffre de 4 fr., ci . . . .　4　»

En résumé, le prix de revient de la tonne de minerai de fer rendue à Bayonne dans l'état actuel des voies de communication serait de 14 fr., ci . . . .　14　»

Ce même prix de revient l'abaisserait à 9 fr. dans le cas où l'on se déciderait à améliorer ces voies de transport et à poser une voie ferrée à traction par chevaux sur l'un des accotements de la route.

TROISIÈME PARTIE.

Aperçu des dépenses pour l'installation d'un atelier de perforation mécanique.

Dans l'installation d'un atelier de préparation mécanique, l'on doit tenir compte : — De la nature du minerai ; — De son degré de friabilité ; — De la composition et du degré de dureté des gangues ; — De la quantité de minerai sur laquelle l'on doit opérer journellement ; — Du degré d'enrichissement que l'on désire obtenir, etc., etc.

Le minerai de Banca est un mélange de cuivre pyriteux et de cuivre gris argentifères, à gangue généralement quartzeuse, mais assez souvent mélangée de fer carbonaté et des débris des schistes encaissants les filons.

Ce minerai, très-friable, se divise, par les chocs, en poussières et pellicules très-fines offrant une répulsion à l'humectage par l'eau et restant suspendues sur ou dans le courant, qui les entraîne en pure perte. Cette perte, résultant de l'entraînement des matières fines, ordinairement les plus argentifères, peut être considérable, et malheureusement aucun des essais tentés jusqu'à ce jour pour arriver à faire se précipiter ces pellicules n'a abouti.

Quant à la quantité de minerai sur laquelle on devra opérer journellement à Banca, lorsque les 3 champs d'exploitation seront en activité, elle sera relativement considérable ; aussi, lors de l'installation de la laverie, sera-t-il sage de tenir compte de la surélévation de production.

Nous ferons remarquer, au sujet de cette installation, que les bâtiments de l'ancienne usine à fer de Banca, dans l'un desquels se trouve la laverie actuellement en activité, sont plus que spacieux pour y installer l'atelier de préparation mécanique en projet.

Et en ce qui concerne la quantité d'eau dont on pourrait

4

avoir besoin, l'on n'a point à s'en inquiéter. — L'on dispose d'une hauteur de chute de 9^m,15 et d'une force motrice de 3 à 400 chevaux.

Consistance de la laverie :

L'atelier de préparation mécanique devra comprendre :

1° Un débourbeur, sur l'axe duquel sera fixé un trommel à double enveloppe, le tout placé au-dessus de deux séries de trommels classeurs ayant deux tôles chacun.

2° 3 classificateurs à courant d'eau ascendant, suivis de Spitz Kasten ou encore d'une caisse rectangulaire divisée en compartiments à courant d'eau ascendant, — bassins de dépôt, etc...

3° Une paire de gros cylindres broyeurs.

4° Une paire de petits cylindres broyeurs.

5° Deux cribles mécaniques continus, évacuant les matières sur toute la largeur de la caisse.

6° Deux cribles mécaniques continus, dits du Hartz.

7° Quatre cribles à bras, semblables à ceux de Largentière.

8° Un bocard.

9° Une paire de tables à secousses latérales.

Sans entrer dans les détails de description des appareils, nous ferons remarquer qu'avec ceux ci-dessus énoncés, que l'on pourra disposer du mieux possible dans les bâtiments de l'ancienne forge, l'on pourra traiter tous les minerais provenant des travaux des trois champs d'exploitation, même lorsque ceux-ci seront en pleine activité.

Par suite de la nature du minerai, de sa friabilité, de sa richesse en argent et de la nature et densité d'une partie de sa gangue (fer carbonaté), l'on devra pousser aussi loin que possible le triage à la main, non-seulement pour obtenir du minerai marchand, mais encore pour éliminer le fer carbonaté.

Conséquemment, le cassage des gros morceaux, venant de la mine, devra tout d'abord, comme on le fait aujourd'hui, se faire à la main.

Par cette opération, l'on obtiendra :

a. — Minerai marchand.

b. — Minerai mélangé.

c. — Fer carbonaté et stérile.

Les morceaux de minerai mélangé passeront aux broyeurs.

Les menus et débris venant de la mine seront jetés sur une grille à barreaux sur laquelle ils recevront un courant d'eau.

Les refus de la grille seront cassés et triés à la main comme les gros.

Ce qui traversera la grille le rendra au débourbeur.

Le débourbeur, composé de deux troncs de cône en tôle forte, accolés par leur grande base, sera suivi d'un trommel à double enveloppe.

Au-dessous du débourbeur ou du trommel à double enveloppe, l'on placera les deux séries de trommels classeurs, munis chacun de deux tôles et classant par refus.

Ce mode de débourbage et de classement des grenailles et sables doit être préféré à tout autre.

Les gros broyeurs ou concasseurs seront suivis d'un trommel en tôle, ayant des trous d'environ 25 à 30 millimètres.

Les refus du trommel retourneront aux broyeurs, et ce qui passera à travers la tôle sera, comme les menus de la mine, élevé et jeté dans le débourbeur et, par suite, dans les trommels classeurs.

Les refus du trommel à double enveloppe faisant suite au débourbeur devront tomber sur les tables de triage.

Tout ce qui passera à travers les tôles de ce trommel sera classé, par les 2 séries de trommels inférieurs, en grenailles et sables de différentes grosseurs.

Les grosses grenailles, celles de 8 à 15 millimètres par exemple, seront traitées aux cribles à bras.

Les sables et grenailles de 2 ou 3 millimètres à 8 millimètres passeront aux cribles continus évacuant les matières sur toute la largeur de la caisse.

Enfin, les sables au-dessous de 2 ou 3 millimètres seront traités aux cribles continus, dit du Hartz.

Les petits broyeurs seront suivis d'un trommel à double enveloppe.

Les refus de ce trommel, grenailles supérieures à 2 millimètres, retourneront aux broyeurs.

Ce qui passera à travers donnera :

1° Des sables de 1 à 2 millimètres, qui iront aux cribles continus, dits du Hartz.

2° Des sables de 1 millimètre et au-dessous qui se rendront aux classificateurs à courant d'eau ascendant, etc.

Les matières traitées à ces petits broyeurs proviennent des mélangés des triages à la main et des criblages.

Les classificateurs à courant d'eau ascendant recevront toutes les matières non classées aux trommels.

Tous les produits de ces classificateurs à eau qui seront tangibles aux doigts seront traités comme sables aux cribles continus du Hartz.

Les tables à secousses latérales traiteront tous les produits, non tangibles aux doigts, provenant de ces classificateurs à eau, ainsi que tous les schlams provenant des bassins de dépôt.

Le bocard ne servira qu'à réduire en poussières les mélangés des criblages ayant au-dessous de 4 ou 5 millimètres. Les matières broyées seront entraînées par un courant d'eau dans un classificateur à eau, et de là aux bassins de dépôt. Les produits que l'on en retirera seront traités aux cribles continus du Hartz ou aux tables à secousses latérales, selon qu'ils seront ou non tangibles aux doigts.

Nous allons maintenant donner une évaluation approximative des divers appareils devant composer l'atelier de préparation mécanique en projet :

1° Débourbeur et trommels classeurs . . . . . 4,000 »

A reporter. . . . . 4,000 »

Report.	4,000 »
2° Classificateurs à courant d'eau ascendant et bassins de dépôt.	3,000 »
3° Gros cylindres broyeurs.	4,500 »
4° Petits cylindres broyeurs.	2,500 »
5° Deux cribles continus évacuant sur toute la largeur de la caisse	1,000 »
6° Deux cribles continus du Hartz°	1,000 »
7° Quatre cribles à bras	800 »
8° Bocard à 12 pilons	3,000 »
9° Une paire de tables à secousses latérales . .	3,000 »
10° Deux roues hydrauliques.	5,000 »
11° Transmissions, etc.	2,000 »
12° Imprévu	5,200 »
Total.	35,000 »

QUATRIÈME PARTIE.

Observations générales.

Nous terminerons cette notice, sur les mines de cuivre et les mines de fer de Baïgorry, par le résumé des faits et conclusions exposés dans les chapitres précédents, et nous déduirons ensuite de ce résumé les résultats pécuniaires que l'on peut espérer par la reprise et le développement de l'exploitation de ces mines.

Dans les précédents chapitres, nous avons vu :

1° Que les filons ou veines de cuivre argentifère constituant le premier groupe sis à proximité de l'usine de Banca étaient au nombre de vingt, savoir : 12 filons et 8 veines partantes de ces filons

2° Que les travaux de recherches faits, par les anciens, pour retrouver au-delà des dérangements ou failles les filons des 3 Rois, de Sainte-Marthe, de Saint-Louis, de Sainte-

Elisabeth, etc., coupés par ceux-ci, ont été insignifiants ou inutiles.

3° Que les travaux à faire pour donner le plus grand développement possible à l'exploitation des filons de cuivre, constituant le 1er groupe, consistent dans le fonçage de deux puits R et P et dans l'installation d'un perforateur.

4° Que la dépense que nécessiteront ces travaux s'élèvera environ à la somme de 310,000 francs.

5° Que le prix de revient de la tonne de minerai de cuivre rendue à Bayonne étant de 317 fr. 80 ;

La valeur de cette même tonne de minerai étant de 443 fr. 50 cent.,

Le bénéfice à faire par tonne de minerai de cuivre rendue à Bayonne sera de 125 fr. 70.

6° Que les travaux faits sur le filon de fer spathique d'Ustéléguy sont relativement minimes en comparaison de l'importance du gisement, importance démontrée par la quantité calculée de minerai à enlever (3,500,000 tonnes), au-dessus de l'attaque V', dans les hypothèses tout à fait gratuites de ¹/₈ de travaux stériles et d'une épaisseur maximum de 2 mètres.

7° Que les travaux à faire pour donner à l'exploitation de ce filon d'Ustéléguy le plus grand développement possible devant consister en des galeries poussées dans le filon, n'occasionneront aucune dépense. L'on suppose que la galerie de sortage sera placée non loin de la maison d'Arretché.

8° Que le prix de revient de la tonne de minerai de fer rendue à Bayonne, dans l'état actuel des voies de transport, sera de 14 fr.

Que ce même prix de revient, de la tonne de minerai de fer rendue à Bayonne, n'atteindrait que 9 francs, dans le cas où l'on ferait se terminer la rectification de la route par le Pas-de-Rolland et que l'on poserait sur un des accotements de cette route et sur une longueur de 23 kilomètres, une voie ferrée, à traction par chevaux, reliant la mine au port d'Ustarits.

9° Que la valeur minimum de la tonne de ce minerai de fer rendue à Bayonne étant de 16 à 18 fr., l'on aurait un bénéfice d'au moins 7 fr. par tonne.

10° Que les frais d'installation à Banca d'un atelier de préparation mécanique, pour le traitement des minerais de cuivre que l'on pourra extraire des 3 champs d'exploitation lorsque ceux-ci auront atteint leur plus grand développement, ne dépasseront pas le chiffre de 35,000 fr.

Des considérations qui précèdent, il est facile d'en déduire quels seront les bénéfices que l'on pourra espérer annuellement, soit de l'exploitation des filons de cuivre de Banca, soit de l'exploitation du gisement de fer d'Ustéléguy.

Lorsque les trois champs d'exploitation des filons de cuivre de Banca seront créés, la production mensuelle s'élèvera au moins à 200 tonnes, soit à 2,400 tonnes par an.

Le bénéfice par tonne, rendue à Bayonne, étant de 125 fr. 70,

Cela donne, pour le bénéfice annuel à réaliser sur l'exploitation des filons de cuivre de Banca, la somme de 301,680 francs, ci . . . . 301.680 »

Quant au gisement de fer carbonaté d'Ustéléguy, nous avons vu :

a. — Que le développement de son exploitation n'occasionnera que des dépenses relativement minimes, le traçage et découpage du gîte en massifs devant se faire par des galeries poussées dens le filon.

b. — Que pour faire s'élever la production, il suffirait d'augmenter le nombre des chantiers.

En admettant une production mensuelle de 2,000 à 2,500 tonnes, soit 24 à 30.000 tonnes par an, le bénéfice à réaliser par tonne étant d'au moins 7 fr., l'on aura pour le bénéfice annuel 210,000 fr., ci . . . . 210,000 »

511,680 »

Le bénéfice total à réaliser par année lorsque les exploitations de Banca et d'Ustéléguy seront développées atteindra donc le chiffre de 511,680 francs.

D'un autre côté, nous avons vu que le total des dépenses à faire à Banca, pour développer l'exploitation des filons de cuivre et atteindre la production mensuelle de 200 tonnes, s'élèverait, en y comprenant les frais d'installation d'un atelier de préparation mécanique, à la somme de 345 mille francs, ci. . . . . 345,000 »

Ajoutant à ce chiffre une cinquantaine de mille francs pour les frais de toute nature, autres que ceux occasionnés par le traçage des galeries de niveau et cheminées poussées dans le filon et, par suite, dans le minerai, pour développer l'exploitation du gisement d'Ustéléguy et faire s'élever la production mensuelle à 2,500 ou 3,000 tonnes, ci . . . . 55,000 »

Cela donne le chiffre de 400,000 fr., ci . . . 400,000 » pour le total des dépenses à faire pour développer les gisements de Banca et d'Ustéléguy.

Si nous ajoutons enfin les frais de pose de la voie ferrée, qui devra relier la mine au port d'Ustarits, frais que nous supposons s'élever à 20 fr. par mètre, et pour 23 kilomètres à 460 mille francs, soit en nombre rond 500,000 fr., ci 500,000 »

L'on arrive enfin à une dépense totale de 900,000 fr., ci. . . . . , . . · . . . 900,000 »

Banca, le 1er octobre 1874.

L'ingénieur,

REBOUL.

SAINT-ÉTIENNE, IMPRIMERIE THÉOLIER FRÈRES.

www.ingramcontent.com/pod-product-compliance
Lightning Source LLC
Chambersburg PA
CBHW050537210326
41520CB00012B/2611